张老师带你做科学

U0175388

动手做科学
玩转饮料瓶

张军　编著

南京出版传媒集团
南京出版社

图书在版编目（CIP）数据

动手做科学．玩转饮料瓶 / 张军编著 ． -- 南京：
南京出版社，2022.12
ISBN 978-7-5533-3869-9

Ⅰ．①动… Ⅱ．①张… Ⅲ．①科学技术－制作－
少儿读物 Ⅳ．① N33-49

中国版本图书馆 CIP 数据核字 (2022) 第 186669 号

书　　名：动手做科学·玩转饮料瓶
编　　著：张　军
策　　划：孙前超
出版发行：南京出版传媒集团
　　　　　南 京 出 版 社
　　社址：南京市太平门街53号　　　　邮编：210016
　　网址：http://www.njcbs.cn　　　　电子信箱：njcbs1988@163.com
　　联系电话：025-83283893、83283864（营销）　025-83112257（编务）

出 版 人：项晓宁
出 品 人：卢海鸣
责任编辑：张　莉
封面设计：赵海玥
装帧设计：蒋雪南
插　　画：蒋雪南

印　　刷：南京大贺开心印商务印刷有限公司
开　　本：787 毫米 × 1092毫米　1/16
印　　张：6.25
字　　数：90千字
版　　次：2022年12月第1版
印　　次：2022年12月第1次印刷
书　　号：ISBN 978-7-5533-3869-9
定　　价：28.00元

用微信或京东
APP扫码购书

用淘宝APP
扫码购书

前 言

生活即教育，社会即课堂，教师即课程，经历即成长。

相对于教育，我更喜欢说成长。学生是成长的主体，我们为成长选择与创造环境，设计与优化经历，提供榜样与经验，鼓励怀疑与尝试，唤起觉悟与觉醒。学生将来能成为什么人，并不单单与我们有关，还与先天条件、努力程度、社会发展等多个因素有关。但是我们提供的经历会让他们有独特的感受、感悟，有助于他们建立起世界的图景，并激起他们对生命价值的思考，从而选择自己的人生道路。

本套"动手做科学"丛书与《义务教育阶段科学课程标准》《中小学综合实践活动课程指导纲要》等精神契合，凝聚了作者近三十年的实践和思考。这些"动手做"项目，既是孩子们的成长资源，也可以为教师的课程设计带来灵感；当家长和孩子一起动手实践时，无疑也会成为亲子关系更加亲密的纽带。

什么是创新？就是给事物重新下一个定义，就是换个视角看问题，就是优化问题解决的方案……没有完备的定义来描述。纸杯可以是喝水的容器，也可以是笔筒、模具，还可以是原料、载体。创新就是寻找更多的可能性。乌鸦喝水的方法有很多，记住一件事情的方法有很多，能让物体飞起来的方法有很多，解决能源危机的方法也有很多。

每个人都活在自己或别人的创新创造中。陶行知先生所言极是，处处是创造之地，天天是创造之时，人人是创造之人。

人们常说兴趣是最好的老师，其实兴趣是分层面的。首先是对现象的兴趣，"很好玩""真有意思"；其次是对原理的兴趣，"为什么呢""怎么会这样呢"；然后是对应用的兴趣，"对应了生活中的哪些事件呢""生产和科研中如何应用呢"；最终是对创新的兴趣，"还能怎么用呢""还可以如何改进呢"。任何一个科技实践活动，都可以按照兴趣层面逐渐提升的程序设计。

经过多年的探索，我将高效率学习的原则总结为四十个字：新奇趣体验、多感官调动、游戏化设计、情境中浸泡、高情绪参与、学思行结合、多学科融合、项目式推进。对于创新思维训练，我觉得"关键词联想"的方式非常有效，可以让思维像原子弹爆炸那样多重"裂变"。高效率学习原则和创新思维的"原子弹爆炸"模式已经推荐给了十万多名中小学师生以及从事青少年科技创新教育的工作者，因其易学好用，得到了广泛的认同和响应。

"动手做科学"丛书中的实践项目，内容涉及在小学和初中阶段需要学习的声学、光学、力学等知识，运用的是饮料瓶、纸杯、牙签、吸管、橡皮筋等身边常见的材料，真正体现了"科学就在身边""创意无处不在""人人皆可创新"的理念。动手操作过程中，孩子会积累大量的感性认识，寻找到自己的兴趣点，为科学类课程的学习打下坚实的基础，也为创新创意积累丰富的素材。书中还通过几位小探究者的讨论、分享、头脑风暴，以及通过小考察、小课题、小发明等活动，促进价值体认、责任担当、问题解决的目标达成。思维导图的运用为培养高阶思维能力提供了便利，有助于孩子们在模仿、试错、合作、交流、反思、改进中产生新的灵感。

孩子们只有用手感知世界、触摸世界、改变世界，他们才会爱上这个世界，从而富有激情地活着。在"动手做"的过程中，孩子们将拓宽视野，发展思维，对知识产生更深的理解，为创意人生奠定坚实的基础。

目　录

安全提示

安全是第一要素。在操作中，每个人使用的工具可能不同。使用工具时要避免伤到自己或他人，年幼的小朋友可以和监护人一道完成操作。

1. 美工刀

切割用。美工刀的刀刃非常锋利，有条件的同学可以戴上防割手套。不要直接垫在桌面上刻画，以免损坏桌面。可以垫一块钢化玻璃。

2. 剪刀

剪切用。可以先用记号笔画线，然后按线剪。

3. 锥子

扎小孔用。避免扎到身体。

4. 铅笔

铅笔尖很锋利，不用时放到笔筒里。任何时候不要将笔含在嘴里。

5. 胶水

粘贴用。胶水如果沾到皮肤上或溅到眼睛里，要及时清洗，必要时立即就医。

6. 热熔胶枪

固定用。熔化的热熔胶温度很高，不要试图用手去摸。

不用时，要及时关上电源。

使用中注意不要让热熔胶、热熔胶枪等触碰到电线，防止损坏绝缘层，发生漏电、短路等。

7. 隔热手套

触摸高温物体，可以使用隔热手套或微波炉专用手套。

8. 防割手套

使用刀具时，或者触摸的物体有尖锐、锋利的突起时，可以戴上防割手套。

9. 其他

（1）不要用嘴尝任何化学药品；

（2）不要把锥子、剪刀、美工刀、铅笔等当作玩具玩耍，避免伤害自己或他人，工具分类摆放到不同容器中；

（3）如果使用酒精灯，要严格按照酒精灯使用规范操作；

（4）记号笔、白板笔等不用时戴上笔套。

人物介绍

◀ 创意王

思维活跃，触类旁通，动手能力强，看问题视角灵活，经常从实践的角度提出问题。

▲ 小博士

喜爱阅读，知识面宽广，分析问题思路清晰，语言表达用词准确，善于找出科学话题。

▶ 聪明豆

乐观风趣，豁达通透，自信乐观，语言犀利，思维跳跃，勇于发表自己的观点。

◀ 开心果

阳光积极，表现活跃，热爱学习，参与活动的积极性高，享受与大家在一起的交流时光。

▲ 张老师

知识渊博，阳光自信，风趣幽默，青少年科技创新教育专家。擅长科普作品创作、科技特长生培养、心灵成长辅导。

▶ 柠檬

文静沉稳，爱打扮，喜欢"臭美"，善于听取别人意见，谨慎发表自己的见解。

活动一 饮料瓶里的声音

嗨，开心果，拿着海螺发什么呆啊？

我在听大海的声音。

海螺里又没有大海，哪来的大海的声音？

确实有声音啊，爸爸送我海螺时，告诉我了，里面有大海的声音。你也来听听。

果然有声音。聪明豆，你们几个也来听一听。

海螺里的声音从何而来？真的是大海的声音吗？

海螺有空腔，估计声音与空腔有关……

我同意。课本没有空腔，我把课本贴在耳朵上就听不到声音。

照你们这么说，有空腔的物体里面就有声音喽？

这怎么可能?

不可能,有空腔的物体多着呢,茶杯、酒杯、纸盒、饮料瓶……它们又不是长在大海里的,哪来的声音?我爸爸说的不会错,海螺里就是有大海的声音!

我们可以试一试嘛。

找个空饮料瓶,大家一起试。

饮料瓶里有声音吗?

有。

有。

有。

这是怎么一回事?

找张老师!

张老师说

　　声音是由物体振动产生的。我们说话时声带在振动，听到锣声、鼓声时，锣面、鼓面在振动。这些物体振动时，会让空气也随之振动，形成声波，将声音传向远方。这时空气就成了传声的介质。固体、液体都是传声介质。花样游泳运动员在水下听到的声音，是通过水传播的。在真空中，没有传声介质，即使物体振动，也产生不了声音。正在振动发声的物体，我们称之为声源。

　　声源振动的快慢用频率来描述。每秒振动 1 次，频率就是 1 赫兹；每秒振动 100 次，频率就是 100 赫兹。人耳只能听到 20 赫兹至 20000 赫兹之间的声音，超过 20000 赫兹的声音是超声波，低于 20 赫兹的声音是次声波。

　　即使没有外界的敲击、拍打，物体也在振动。你能见到的一切物体都在振动，这个振动也有一定的频率，称为固有频率，这是与生俱来的，由物体的材料和结构决定。当物体固有频率与外界传来的声音频率相同或相近时，物体的振动会得到加强，这种现象叫共振。比如吉他的中空体，具有一定的固有频率，当我们拨动琴弦时，琴弦振动发声，让中空体发生了共振，导致声音变大。不同构造的吉他，共振的频率不同，导致声音的音色也不同。我们听大提琴、小提琴的演奏，它们的音色明显不同。乐器的这种共振，称为共鸣。

　　人在说话时，口腔、鼻腔、胸腔、颅腔都在发生共振，离开了这种共振，声音听上去会很小。我们闭上眼睛，凭声音也能听出谁在说话，就是因为音色不同。

　　空气中每时每刻都有各种不同的声波在传播，不同的容器会与不同的声波发生共振，导致容器里的声音变大。我们能听到海螺里有声音，就是共振现象。听到饮料瓶里有声音，也是共振现象。同样，茶杯、坛子、纸筒，里面都能听到声音。

大家找不同的空饮料瓶，或者其他容器，听听里面的声音。

茶杯里面有声音。

小瓶子里也有声音。

大小不同的饮料瓶，里面声音也不一样；把饮料瓶底部去掉，声音也不同！

用白纸卷个纸筒，里面也有声音；把纸筒一端捂住，声音也变了！

容器的材料或结构改变了，固有频率就变了，发生共振的频率也变了，所以，听到的声音也就不同。把饮料瓶的底部去掉，或者把纸筒一端捂起来，都是改变了容器的固有频率。

这样的实验可以做出无数个。

大家把两只手合在一起做出一个空腔，放在耳朵边，是不是也能听到声音？这样，我们就能"捕捉"到空气中的声音了。

太好了，我们能"捕捉"到空气中的声音啦！

张老师说

　　生活中充满了各种有趣的现象。当我们产生疑问时，不能盲从于别人的观点，观察和实验才是解决问题的正确途径。大家能够从海螺、饮料瓶、玻璃杯、鼓、吉他等不同的物体中找到共同点：它们的空腔都是共鸣腔，而且能够举一反三，加深对"共振"的理解。下次乘坐公交车、地铁时，如果突然感觉手里的纸盒、铅笔盒、茶杯在振动，你不觉得奇怪了吧？因为我们就处在声音的海洋里，共振无处不在。

我建议，回家后每人用饮料瓶做一个与"声音"有关的作品，下次见面时展示一下，如何？

相当欣赏！

赞同！

活动二 饮料瓶"沙锤"

同学们早！

老师早！

让大家给您来一段
"沙锤"合奏！

好啊，请介绍
你的"沙锤"。

沙锤是通过摇晃发出声音的乐器，也称
沙球。有干葫芦做的，有椰子壳做的，
用木头、陶瓷、藤编也可以做。用饮料
瓶当然也能做，在瓶子里放一些沙子，
现在晃动瓶子，听，发出声音了。

我放的不是沙子，而是大豆。我觉得装大豆的瓶子摇起来，声音更清脆、更好听些。

放碎石子、小麦粒、玉米粒都可以的，它们撞击饮料瓶，让饮料瓶振动发出声音。我们能听到这些声音，说明这些声音频率在20赫兹到20000赫兹之间。

沙锤也叫沙槌，一般演奏具有特殊风格的音乐。所以演奏起来要有节奏感，左右或上下摇晃都行，身体可以跟着节奏摇摆起来哦，看我的。

大家准备得都很充分。运用了"联想"的创新思维，用"内容物"作为关键词产生联想，做出了不同的沙锤。还可以进行怎样的联想？

塑料瓶子可以用玻璃瓶替代。

饮料瓶有饮料时，晃动也能发出声音。

瓶子是个容器，里面可以装饮料，也可以装沙子、碎石子、豆子、麦粒。

其实瓶子也可以分割开，分割开的部分可以有不同用途，做成不同的作品。下面我要介绍我的作品啦。

创意王，你的作品呢？

下次活动，看我的专题展示，敬请期待！

张老师说

　　记忆是学习的基础，联想则是创新的基础。联想分为相似联想、相关联想、接近联想、对比联想、因果联想等。由联想引发的创新活动比比皆是。比如由把手划破的茅草，想到发明锋利的锯子；由粘在衣服的草籽想到发明尼龙搭扣；由电动机想到发明发电机；由蝙蝠的回声定位想到发明声呐；由蝴蝶翅膀的花纹想到发明迷彩服，等等。当然，所有的联想都会用到"关键词"。

活动三 自制"土电话"

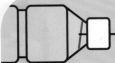

我给大家带来了一个自制土电话。先将带盖的饮料瓶切割成两截，用锥子在瓶盖和瓶底分别扎个孔，用棉线连起来。穿进瓶盖和瓶底的棉线用牙签拴住，一个自制土电话就做成了！

瓶身部分太长了。

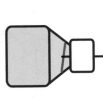

我来修剪一下。嗯，边口要修剪齐，不能划伤耳朵！这下大小差不多了。

大家试一试"土电话"的通话效果。一个人说话，另一个人听。注意，说话声音不能大，以免损伤听力！

完美。

张老师说

固体传声效果比气体好，所以土电话传来的声音比空气传来的声音大。线是传声介质，绷紧时容易传声，松弛了或者中间被捏住了，便无法振动，也就不能传声了。

如果你把自己"听筒"的线拴在通话的两位同学的线上，你就能听到他们的对话了！一个人说话，可以同时让多个人听。

张老师说

敲黑板!

没有使用"土电话"时,我们听到的声音是空气传来的;使用"土电话"时,听到的声音主要是从棉线传来的。请大家猜一下,铁丝传声效果与棉线传声效果哪一个更好?你用什么方法证明你的观点?

我们用铁丝再做一个"土电话",与棉线制作的"土电话"比较一下。

就是就是,要做实验!

假如铁丝"土电话"传来的声音大,就一定能说明铁丝传声效果好吗?

?

这个问题很有质量！问得非常好！可以进一步说明吗？

假如说话的人两次声音本身就不一样大呢？

两次让同一个人说话，让他的音量保持不变？

我们可以听同一个闹钟的闹铃声。

或者用手机放音乐，保持音量不变。

那两个人站立的距离呢？还有每个人的听力也不同哦，和线的粗细有关吗？

有点意思！

张老师说

非常好！给大家点赞！

声源本身的振幅大小、说话者与听话者之间的距离、传声的物质、听话者对声音感觉的灵敏度，等等，都会影响到最后听到的声音大小。而声源本身的振幅、距离、铁丝和棉线的长短粗细等，都是可以人为改变的，我们把它们称为自变量；它们都会影响听到声音的大小，听到的声音大小叫作因变量。

我们如果想比较棉线和铁丝哪个传声效果好，那就只能改变材料，而其他自变量都保持相同，才能得出较客观的结论。这种科学研究的方法叫作控制变量法。我们对比的两次实验中，只能改变一个变量，若结果有差别，才能说明是这个变量引起的。如果几个自变量一起改变，那就无法辨别到底是哪个因素变化引起的了，就找不着"罪魁祸首"了。

用闹钟或手机音乐，控制声源的音量大小相同。

铁丝和棉线的长度、粗细都相同，只有材料不同。听筒和话筒两次实验中都相同。

同一个人听声音，保证"耳朵"相同。

可以不用人听！

用仪器测量！

是的，用"噪声测定仪"测量，避免人的听力靠不住。

商店有售，也叫"分贝仪"！

相当欣赏！

两人一组，分头寻找材料，操练起来！

如何描述振动?

1.振动是否有规律?无规律的振动产生物理上的噪声,规律的振动产生乐音。2.振幅,即振动物体离开平衡位置的最大距离,它描述了物体振动幅度的大小和振动的强弱。3.频率,反映振动的快慢。

如何描述乐音?

1.响度,指声音的大小或强弱,也就是我们通常说的音量,它与声源的振幅、传声物质与方式、距离声源的远近等都有关系。2.音调,反映声音的高低,由振动的频率决定,频率越高,音调越高。3.音色,又叫音品和音质,反映声音个性化的特征,口技表演模拟的就是音色。

请听题!

张老师说

地震发生后,埋在废墟下的幸存者往往拿砖块或石块敲击身边的楼梯扶手或者自来水管提醒地面上的搜救人员,而不是大声呼喊,为什么?

呼喊是气体传声,敲击楼梯扶手或自来水管是固体传声,固体传声效果好。

呼喊消耗体力,散失水分,危险!

呼喊时间长了嗓子会嘶哑。

活动四 饮料瓶"种子博物馆"

种子经常撒出来，怎么办？

嘀咕啥呢，开心果？

我在把小麦粒装进饮料瓶，小麦粒总是掉到瓶子外面。

哎呀，还有玉米、黄豆……你要干啥，储存粮食过冬吗，开心果？

我在做一个"种子博物馆"。你看，饮料瓶是透明的，从瓶子外面就能看到各种各样的种子了。

为什么不用漏斗往瓶里装种子呢？

没找着。

可以自己做一个啊。

手边有那么多的饮料瓶，饮料瓶就可以制作成漏斗啊。

来，我们动手做个漏斗！

将饮料瓶剪成上下两部分，将上半部分倒过来用，瓶口作为漏斗口就可以了。

饮料瓶、划线笔或记号笔、直尺、剪刀，材料准备起来吧！

用美工刀也可以。但是美工刀的刀口很锋利，使用时一定要小心！

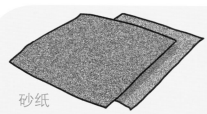

砂纸　　　　　　　　　打磨棒

还需要砂纸或打磨棒，饮料瓶被剪开的地方比较锋利，不小心会把手划伤。用砂纸或打磨棒把切口边缘磨钝，爱手护手。

饮料瓶很多，做出的漏斗真是千姿百态。

可以做长一些的漏斗，还可以做短一些的漏斗。

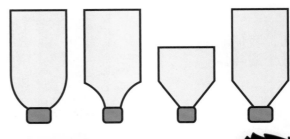

可以将盖子留在瓶口上，通过改变瓶盖上钻孔的大小，来改变漏斗口的大小。

将细饮料瓶的瓶身插在稍粗一些的"漏斗"上方，还可以做出高度可以自由调节的漏斗。

如果有卡纸或者牛皮纸，我们也可以卷一个"纸漏斗"。

可以，但是"纸漏斗"不透明，看不到漏斗里物体的流动情况。

由于和生产实践脱离，现在有很多中小学生已经不认识农作物了，更不要说各种各样的种子了。我做一个"种子博物馆"，唤醒大家对农作物的关注、对粮食问题的关注！

可以不断丰富种子的种类，给种子恰当分类。

应该为每瓶种子做一个资料卡，介绍作物的习性、种植区、用途等。

可以请农科院、农业大学的专家教授到校园做报告、进行专业指导。

还可以结合种子展览，对全校师生进行艰苦朴素、节粮爱粮方面的教育。

我们都是节粮爱粮的宣传员！

张老师说

大家很有创意，值得肯定！

虽然大家使用的都是塑料饮料瓶，但是不同的饮料瓶使用的材料和制作工艺却不同。在塑料瓶瓶底有弯箭头组成的三角形符号，符号中间是阿拉伯数字标号。请大家课后检索资料，看一下它们的区别，下次活动时交流。

开心果做的"种子博物馆"和大家做的"漏斗"，因为不经过加热过程，相对来说比较安全。今天就这个"博物馆的建设"，请大家帮开心果出出主意，查阅资料后，再谈补充意见。

活动五 自制温室

对于饮料瓶底的数字标识，大家调查的结果如何？

瓶底标"1"的特别多，有的数字下面还标有"PET"或"PETE"。矿泉水瓶、碳酸饮料瓶、橡胶圈包装盒、双氧水消毒液瓶等，一般用的都是这种塑料瓶。

制作这种瓶子的添加物比较多，禁不住加热，不能放在太阳下晒，也不能装热水、酒或油。时间长了有可能释放出致癌物质，用完后最好直接送回收站。

标号为"2"的瓶子主要成分是高密度的聚乙烯。往往用来装药、口香糖、咖啡饮料等，也有用来装洗衣液、化妆品的。最好不要用来做水杯或者储物容器。

我没有找到标注"3"的饮料瓶。

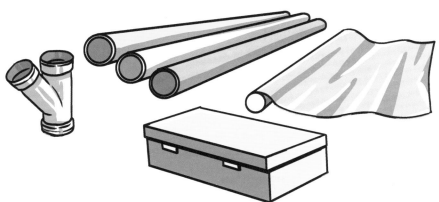

 标号为"3"的材料是聚氯乙烯，即PVC。通常用来制作建材、塑料膜、塑料盒，使用还是很普遍的。这种材料不耐热，高温下容易产生有害物质。所以很少被用于食品包装，也不能循环使用。

标号为"4"的饮料瓶也没有发现。

 标号为"4"的材料是低密度的聚乙烯，一般用来做保鲜膜、食品袋。

它们不能随便加热，因为加热后会粘在食物表面，产生有害物质，损害人体健康。千万别用保鲜膜包着食物在微波炉里加热！

 标号为"5"的塑料制品最安全，这个材料是聚丙烯，能耐160℃以上高温，是唯一可以放进微波炉的塑料制品。微波炉餐盒、量米的杯子、高铁上的一次性喝水杯，都是用这种材料做的。清洁后可以重复使用。

注意！有些微波炉餐盒虽然是用PP材料制造的，但是盒盖却用标1号PET材料制造，放入微波炉加热时，要把盖子取下。

标号"6"的饮料瓶子也没找着。

 标号为"6"的材料是聚苯乙烯，简称PS，泡面盒、快餐盒一般用这种材料做。用热水泡可以，但是不能放进微波炉加热，也不能反复使用。温度太高会释放有毒物质。

所以滚烫的食物不能用快餐盒打包，碗装方便面也不能用微波炉加热煮！

标号为"7"的材料其实是聚碳酸酯，这种材料也比较安全，制作太空杯、奶瓶时会使用到。

这种材质介于通用塑料和工程塑料之间，用于眼镜镜片、护目镜、潜水面罩、挡风玻璃等制造领域，还可以做行李箱、防爆盾牌、仪表板、音频播放器的外壳。

使用时不能高温加热，不宜放在阳光下暴晒。可能会释放有毒物质。

我们对开心果的"种子博物馆"材料有何建议?

标号"2""5""7"的塑料瓶相对比较安全。

要避免阳光直射。

塑料瓶随处可见,成本低廉,在保证安全的前提下,还是可以再利用的。

可以用玻璃瓶子。

大家说的都有道理……提到了种子,提到了饮料瓶……我们能不能用饮料瓶来观察种子的发芽、生长呢?

水培的也可以啊。

可以啊,需要泥土。

?

用饮料瓶做个温室?!

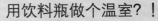

请查阅资料，讨论交流，完善方案，并介绍你们的方案。

1 取一个饮料瓶，截取下半部分做"花盆"。在瓶子底部扎一些小孔，便于通气。

2 在"花盆"里填一些土，栽上花木，或者埋进种子。注意保持土壤湿润。

3 截取大一些的饮料瓶底部，做成"花盆"下面的盆托，防止水流得到处都是。

4 找个大小适中的饮料瓶，适当去除一部分瓶底或瓶口，罩在花盆上方。

种子发芽生长涉及的条件有阳光、氧气、水分、温度。

只要思想不滑坡，办法总比困难多。

 张老师说

  大气保温效应俗称"温室效应"。太阳短波辐射通过大气层到达地面，地表受热后产生的大量长波辐射却不能通过大气层散失掉，这样就使得地表与低层大气温度增高，与栽培农作物的温室相似，故称"温室效应"。

  温室有两个特点，一是室内温度高，二是难以散热。在室外气温较低时，温室内的蔬菜、农作物更容易生长。

  温室效应导致全球气候变暖，海平面上升，极端天气频发。燃烧煤炭、石油和天然气，排放的二氧化碳气体会加剧温室效应，所以全球减排迫在眉睫。

活动六 饮料瓶生豆芽

我的"温室"里绿豆发芽了！

来个醋溜绿豆芽，养颜美容、消暑降火哦。

就几颗小豆芽，太少了，吃不起来啊，太遗憾了！

无农药、无化肥，绝对绿色食品！

啊，有什么好吃的，我来了。

我们可以多生一点豆芽啊，用饮料瓶就可以的！不一定非得埋在土中。

众人拾柴火焰高。

三个臭皮匠，赛过诸葛亮。

我等着你们的凉拌绿豆芽……啊，我是说，我等着你们饮料瓶生绿豆芽的方案出炉！

饮料瓶生绿豆芽方案正式发布，请鼓掌！

1 找个合适的饮料瓶，洗干净，用锥子在底部扎若干小洞。

2 用饮料瓶量取1/5瓶绿豆，倒入温水中浸泡6小时左右。

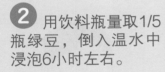

第三天

3 浸泡后的绿豆倒入饮料瓶，放在阴暗处避光生长，每天用水冲3~4次，给绿豆"淋浴"，静等绿豆发芽。

第三天

第四天

4 3~6天，绿豆芽就可以收了。

天热的话，绿豆芽三天就可以收了；气温低一些，六天也就差不多了。当然，如果你喜欢吃小绿豆芽，哪天收随便。

价廉物美，环保健康。

自己动手，丰衣足食。

今天吃绿豆芽，明天吃花生芽，后天吃黄豆芽……

说一说，机智的你们是怎么想到的？

种子在土壤里发芽，也是避光的；我见过别人在盆里生豆芽，上面是蒙着厚纱布的。

我参观过无土栽培蔬菜的园区。

我查过书本，复习了一遍种子发芽的条件。

我看过姥姥用泡沫箱生黄豆芽。

张老师说

　　大家看，我们的经历很重要。我们能想到的内容，都是和我们的经历相关的——读过的书，经历的事，相处的人。

　　但是，我们光凭经历或经验是远远不够的。所谓创新就是换个角度看问题，重新寻找解决问题的方案，给事物重新下一个定义。我们来思考一下，前面做过的沙锤、漏斗、土电话、种子博物馆，包括今天的生绿豆芽，我们分别利用了饮料瓶的什么特点？这些特点还可以用在哪些地方？饮料瓶还有什么特点？这样，我们的思路就会越来越开阔，创意就会越来越多。

饮料瓶透明。

饮料瓶有弹性。

饮料瓶便于加工。

饮料瓶可以浮在水上。

饮料瓶可以回收重新加工。

饮料瓶被挤压后可以复原。

活动七　吸水器

问大家一个问题，饮料喝完了，瓶里还有什么？

剩个空瓶呗。

再仔细想想哦。你看看我们周围空间，真的什么都没有吗？

嗯？

空瓶不空，里面有空气啊！

怎么证明空瓶里有空气？

我有办法。将空瓶口朝下，插入水中，将瓶子压扁，会发现有气泡从水中冒出来。

我也有办法。往空瓶里倒点热水，晃一晃，把热水倒掉，然后迅速将瓶盖拧紧。过一会儿，瓶子会变瘪，还会有响声。

创意王说的我明白，聪明豆，你说的我咋不明白？

我也来试试。

热水加热了瓶里的空气，空气膨胀跑出去了一部分。冷却后，瓶里气压减小，外界大气压大于瓶里气压，就把空瓶压瘪了，瓶子变形时会发出声音。

注意，别烫着！

创意王，你的实验给了我灵感，我想到了一个发明，可以用饮料瓶做"吸水器"。

我昨天就想到了，哈哈。将瓶子捏扁，然后松开手，水就会被吸进瓶子里。

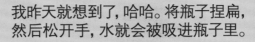

可以用来调节容器里的水量。

可以用来吸地上的脏水。

张老师说

　　"吸水器"这个活动已经涉及大气压的知识了。空气对浸在其中的任何物体都有压强。我们看一下用注射器吸取药液的过程，当向外拉活塞，注射器内空腔体积增大，气压就会减小，药液在外界大气压的作用下被"压"进了针筒。所以，药液并不是针筒"吸"进去的，而是大气"压"进去的。你们想到的"吸水器"与针筒的原理是一样的，应用类似原理的还有自来水钢笔。

今天的发明算作创意王的，我们回去学习一下大气压的知识，看看今天的实验还能带来什么发明灵感。

我有想法了……

我也有，我想……我要好好学习，认真琢磨琢磨了。

我还会有新想法，啦啦啦啦……

哈哈，看你们的了。

活动八 滴水器

我先和大家聊聊逆向思维。上次活动我们都看到了,饮料瓶可以吸水,既然能够"吸"水,那么就能……

放水?

漏水?

排水?

还卖关子。

当当当当,滴水器闪亮登场!

1 将饮料瓶洗净,用锥子在盖子上扎个小洞。

2 装入水,瓶口朝下,开始水成一条线往下流。

3 渐渐地,水成滴往下滴,然后,水就流不出来了。

4 手轻轻地压饮料瓶,水可以一滴一滴往下滴。

请思考，为什么水渐渐地流不出来了？

瓶内水面上方的气压一开始和瓶外的气压相等，水在重力作用下往下流。但是随着水往下流，水面上方的空间越来越大，空气越来越稀薄，气压越来越小。在外界大气压的作用下，水就流不出来了。

Perfect!

你们觉得水滴是什么形状的呢？

我估计是球形的。草叶上的露珠、荷叶上的水珠都是球形的啊。

我觉得可能不是标准的球形，刚才看到水滴好像还拖着个小尾巴。

天宫课堂里，王亚平老师做的那个水滴是球形的。

空间站是微重力环境哦。

有什么方法能看清水滴的形状？

给水染色，滴点食用色素，红色的或蓝色的。

再用一张白纸在瓶子后面做衬托。

瓶盖上的小孔扎得小一点，更容易形成小水滴，而且水滴悬吊在瓶盖的时间可以更长，就更容易看清水滴的形状。

用相机采取慢动作拍照，然后回放，可以看到每一瞬间的细节。

 张老师说

　　水表面分子间比内部分子间的距离小，因相互吸引产生表面张力。表面张力让水表面积趋向更小，就像在水表面蒙上了一层富有弹性的"皮肤"。水较少时，水滴更容易呈现出球形，就像草叶上的露珠、荷叶上的水珠。下落的雨点、水管滴下的水滴，也会呈现球形，但是重力和空气阻力会让雨点和水滴前端平一些，尾部细一些，整体像是被拉长了。而在空间站的失重环境中，水滴可以呈现出理想的球形，就像王亚平老师在天宫课堂中呈现的那样。

提到了天宫课堂，我想到了，透过小水滴，是不是可以看到物体所成的像?

再来尝试一下。

应该可以。

动手做一做，能不能用相机拍下水滴里的像。

动手做起来。

观察和实验是学习科学的最基本方法哦。

张老师说

2021 年 12 月 9 日下午，神州十三号乘组航天员王亚平、翟志刚、叶光富三位老师，在近 400 千米高的"天宫一号"空间实验室为全国青少年授课，演示了多个微重力环境中的物理情境。王亚平老师用金属圈做成了一个漂亮的水膜，然后在水膜上注水，做成了一个大水球。在介绍再生水时，从水袋里也挤出了一个水球。在微重力环境下，这些水球不会像在地球上那样倾泻下来，而是自然而然地变成了球形，并能悬浮在空中。

活动九 自制洒水壶

今天看我的了。姥爷养了很多花，我经常看到他给花浇水，家里光洒水壶就有好几个。我昨天想到了一个好主意，用饮料瓶就可以做个洒水壶，大家先猜猜我是咋做的？

仿照洒水壶的形状，加装一个喷嘴，装一个把手……

非也，太复杂了。

我估计还是用到大气压的知识。

回答正确，加十分。

请开始你的表演。

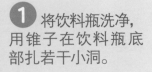

1 将饮料瓶洗净，用锥子在饮料瓶底部扎若干小洞。

2 装入水，水将从瓶底的小洞流出来。

3 将盖子拧紧，水就会停止往下流。

哦，明白了，和我的"滴水器"原理相同。只不过"滴水器"从瓶盖向下滴水，而"洒水壶"从瓶底向下滴水，不是流水，是从多个小孔滴水。

运用到了联想，也用到了逆向思维。既然能从瓶盖滴水，当然也能从瓶底滴水。

啊，我也想到了，可以将饮料瓶做成花洒。找个大饮料瓶，多盛点温水，可以洗头，可以淋浴，哈哈哈哈。

哎呀，上次我扫地时，没找到洒水壶，就拿了个塑料盆盛水往外洒，搞得有的地方没洒到，有的地方非常潮湿，早知道就用饮料瓶做一个洒水壶了。把孔扎得小一些，水一定可以洒得很均匀。

动手实践真是给了我们很多的创意啊。让我们每人做一个洒水壶，实际洒水试试，看还能发现什么问题。

好，我也再来做一个。

我要让水流更细更密。

我要去找个干净的瓶子。

咦，我锥子呢？

啊？为什么我的瓶盖子拧上了，水还是往下流啊？

我看看……哈哈，你的瓶盖子上有个小洞啊，拧起来后，空气还会进去。做"滴水器"的时候留下的吧？

哦，哈哈，见笑了。

我也发现新的问题了。大家看，几股水流缠绕到一起了，还能看到缠绕的模样，和绳子似的。

我的没有……用手将水流"拧"到一起试试……哈哈，我的几股水流也缠绕到一起了！

我也看到了，三股水流缠绕到了一起。

 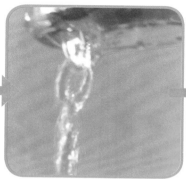 

Why?

为什么?

 张老师说

　　我们可以用手将几股水流拧在一起，让水流像细绳子一样缠绕在一起，这是因为水分子之间存在相互作用的引力。

　　我们将手从水里拿出来，手上也有水，这也是分子间相互吸引的结果。我给大家出个题目，如何用水让两根长筷子直立在桌面上？

　　好了，大家的创意都非常棒。手是人的第二个大脑，心灵手巧哦。聪明豆、开心果，下次看你们俩的了。

活动十　哪道水流喷得急

大家能让两根筷子直立在桌面上了?

我们都会。

在筷子之间沾上水,筷子就会粘在一起,就容易站立了。

支面增大,筷子就容易站稳了;就像我们双脚分开站,更容易站稳。

利用了分子间的引力。

我有个问题不明白。

嗯? 一个价值连城的问题?

做筷子直立的实验时,我戴了薄膜手套。我发现,手插入水中之前,手套在手上松松的,当我把手插到水里的时候,手套就紧紧地贴在手上了。这是分子间引力吗? 为什么插进水里之前,没有引力,插入水中后,就有引力了?

我戴手套的时候，手套也没有吸在手上啊。

我们穿衣服，衣服也没有粘在身上啊。

但是游泳的时候，泳衣是紧紧地贴在身上的。

在水里时，手套和泳衣都会紧贴在身上，莫非这不是分子间引力造成的，而是与其他因素有关？

 张老师说

　　大家分析得好，分子间的吸引力只有在分子距离很近时才能表现出来，距离超过分子直径 10 倍的时候，引力就可以看作零了。分子是很小的，一滴水里就有 15 亿个水分子。戴手套的时候，手套和手之间的空隙太大了。当手插在水中薄膜手套会紧贴在手上；游泳时，泳衣会紧贴在身上，这其实都是水的压强造成的。

　　我们游泳时，有胸闷的感觉，这也是水对我们身体的压强造成的。潜得越深，身体受到的压强就越大，所以，大家不能贸然潜得太深，否则会有生命危险。玻璃很硬，但是在水下 700 米深度会被压成粉末。潜水艇如果潜得太深，承受的水压超过设计值时也会被压扁的。

水的深度越深，压强越大，有什么实验能证明呢?

用饮料瓶和水就可以啊。

哦?

在饮料瓶的侧壁同一竖直线上依次从上到下开三个小孔 A、B、C，然后用透明胶带把小孔贴起来。

在饮料瓶里灌水，则 A、B、C 三个小孔在水面下的深度越来越大。将三个透明胶带同时揭开，你们发现了什么?

水流出来了。

C孔的水喷得越"急"，还是越"远"？你们多做几次实验，体会一下，"喷得急"与"喷得远"有什么不同？

小孔的深度越深，水喷得越远。

意思好像不一样。我们多做几次，仔细观察观察。

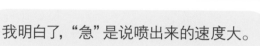

我明白了，"急"是说喷出来的速度大。

从侧面看，喷得急的水从孔里出来时水流比较"平"。

也就是说，从孔里出来的水流曲线与水平面的夹角小。

我也明白了。喷得远不远要看离地面多高。看示意图1可以说明问题。如果地面在"a"处，B孔的水喷得远；如果地面在"b"处，就是C孔的水喷得远了。但是不管喷多远，都是C孔的水喷得"急"。

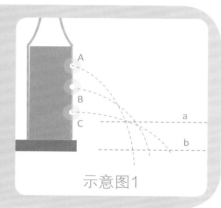

示意图1

动手做科学

我可以画个简单直观的示意图2，图中红色的水流喷得最"急"，也就是速度最大。

聪明豆，你这个图非常直观，点赞！

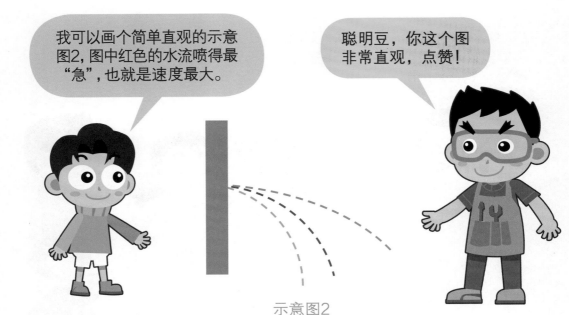

示意图2

我想起来了。上次家里洗碗池被菜渣堵住，爸爸将一根细长管插入池孔，然后往管中注水，并将管子竖立起来，水池很快就通了。这是因为插管子相当于增加了液体的深度，压强就大了。

上次画画，老师说水坝的下面要画宽一些。我明白了，水越深压强越大，水坝底部宽一些才结实。

我说呢，上次做洒水壶，开始水流得很快，后面越来越慢了，原来是水深度变浅，对底面的压强变小了，恍然大悟、茅塞顿开、醍醐灌顶……愉快！

张老师说

　　生活中处处充满科学。我们掌握的科学原理越多，观察到的世界越丰富。其实固体、液体、气体都能产生压力，压力的效果越明显，我们说压强就越大。

聪明豆，下次活动该你表演了吧？

表演？还真的是表演，下次活动我给大家表演吹气球，敬请期待。

49

活动十一 吹不起来的气球

大家看，我气球吹得咋样？

嗨，这个谁不会。

那我把气球放到饮料瓶里，气球嘴套在饮料瓶口，再来吹一次，看，鼓起来了。

这个也不难啊。

那好，我帮每位准备了一个气球，一个饮料瓶，看看谁的瓶里气球吹得大。

来呗，谁怕谁啊。

恐怕没那么简单。

估计会有陷阱。

不对啊，很用力了啊。

吹不起来。

怪了，费了好大劲，气球在瓶里只能鼓一点点啊，聪明豆吹的那个好大的。

这就是魔法的力量！

检查一下饮料瓶。

仔细看过了，瓶子完好无损。

假如气球吹大了，瓶内有什么变化？

能有什么变化？

气球就会占据一定空间。

分析得头头是道，厉害。

瓶子里原有的气体就会被挤压。

瓶里原来的气压就会增大。

气球里的气压必须更大，才能向瓶子里"扩张"。

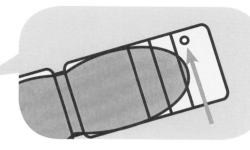

我的饮料瓶上扎了个小孔，气球变大时，瓶里原来的空气就被挤出去了，这样瓶里气压和外界大气压相等。吹瓶里的气球跟平时吹气球并无两样，所以我的气球就吹大了。

我们越用力，气球吹得越大，瓶内气压越大。

认真思考，比较条件的变化，定能发现蛛丝马迹。

我们的"对手"不是气球，而是大气压，是瓶内增大的大气压。

今晚家庭聚会，有互动节目了。

活动十二 线绳"子弹"

今天，我也给大家表演个"魔术"，看到我手里的饮料瓶了吧？注意了！

嗖！

吓了我一跳！

线绳"子弹"！

嗨，就是一段棉线绳。

估计是利用大气压。

我猜也是。

了不起，都学会抢答了啊！

1 找个气密性好的饮料瓶；准备一段线绳。

2 用锥子在瓶盖上扎个洞，调节孔径大小，既能让线绳自由通过，又不能太大。

3 将线绳穿过盖上的小孔后，在两端各打一个结，防止线绳从瓶盖中滑落。

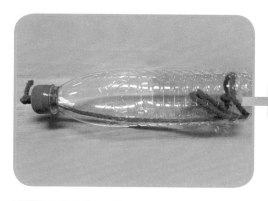 

4 将线绳拉进饮料瓶，直到线绳在瓶外的结刚好挡住瓶盖上的小孔。

5 拧好瓶盖。快速将瓶子压扁，瓶内气压增大，线绳在瓶内气压的作用下就会飞出去。

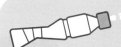
要是装水，就是水枪呗。

装面粉，就是面粉枪。

面粉可不能乱装，一方面可能伤到同学的眼睛，另一方面碰到火源会发生爆炸！

是的，面粉、棉絮、金属粉尘，遇到火源都有可能发生爆炸，引发严重后果。

但是我们可以在瓶底扎几个孔，装上面粉，做面点时，往案板上撒面粉。

那不用撒面粉时，面粉不是从底部漏掉了吗？

不用撒面粉时，可以瓶底朝上放置啊。

也可以放孜然粉，烤羊肉串时用。

也可以装沙子……但是装沙子干什么用呢？

也可以装白灰，划白线时用。

沙锤……

做过的作品不要说了。

那我们都回去想一想，下次活动交流。

耶！

张老师说

安全很重要。

用饮料瓶装食品或食品辅料时，要注意是哪种标号的瓶子，正如大家所知道的，有些瓶子是不建议多次使用的。

小麦粉、玉米粉、奶粉、植物纤维、木屑、铝粉、塑料颗粒粉末等，在爆炸极限范围内，遇到明火或高温，会迅速燃烧放热，产生高温高压，在狭小的空间里会爆炸，产生很强的破坏力。所以纺织车间、面粉加工车间、金属加工车间等，要注意通风，使用明火要严格按照国家有关规定执行。

别忘了回去改良线绳"子弹"，看怎样提高"出膛"速度，增大"射程"。

活动十三 饮料瓶沙钟

都来看看我的"哑铃"——饮料瓶装上沙子，用来健身。

"哑铃"重量可调，成本低廉，大小皆宜。

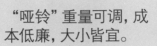

我做了个"流星锤"——用麻绳拴住装满沙子的饮料瓶即可。

使用"流星锤"时要注意安全，避免击中别人，也要避免打到自己。

在沙子里还搀了点水泥和水,你猜咋样?它们凝固了,取不出来了。把饮料瓶破坏后取出,得到一个水泥砂浆固体,外观形状就像饮料瓶。

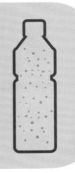

很有创意!你把饮料瓶用作了模具,不愧是创意王。给你的作品取个名字吧。

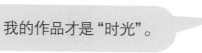

 叫"蜕变"或者"时光"，很有诗意。

我的作品才是"时光"。

哦？

当当当当，饮料瓶沙漏！

也就是沙钟。

1 找两个相同的饮料瓶洗净，用锥子或剪刀在两个瓶盖中心分别扎个洞。洞口大小适中。

2 两个瓶盖子顶面相对，将它们固定在一起，不能影响各自拧上或拧下原来的饮料瓶。

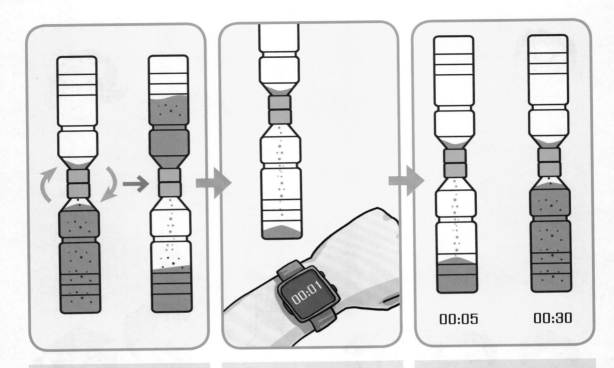

3 将有沙子的瓶子放在上面，沙子就会流入下面的瓶子里。然后再倒置，又可以往下面流了。

4 用手机或者钟表计时，调整沙子的量，让沙子正好在1分钟流完，就得到1分钟的沙钟了。

5 同样，我们也可以得到5分钟沙钟、半小时沙钟……

将两个瓶盖子固定到一起，有哪些方法？

可以用透明胶带缠绕。

也可以用"502胶水"或者"AB胶"，不过要注意安全。

找热熔胶枪，用热熔胶固定。

用纸带从外面缠绕，再将纸带用双面胶带粘起来。

张老师说

　　大家动手试一试，制作饮料瓶沙钟的同时，思考几个问题：1.沙钟的计时长度与哪些因素有关？ 2.沙钟正放与倒放计时时长相等吗？ 3.沙钟还可以在哪方面加以改进，为什么？

我瓶子里的沙子多，计时时间就长。

不对啊，我瓶里的沙子也多啊，但是很快就流光了。

可能是你瓶盖子上的孔开得太大了。

和沙子也有关系吧，我的沙子有时流得快，有时流得慢。

和瓶子的形状应该也有关系，内壁陡一些，沙子会流得快一些。

我家里买的沙钟沙子流得就很顺畅，那个沙子确实和我们用的不一样，有红色、蓝色、紫色等多种颜色。

如果沙子是球形的，应该更容易流淌。

也就是说，计时的时长与容器形状、沙子的多少、沙子的形状和质量，瓶盖上小孔的大小甚至是小孔的光滑程度，等等，都是有关系的。

张老师说

大家总结得很好。市场上销售的沙钟里面装的并不是普通的沙粒，而是人工制作的玻璃珠，颗粒细小、光洁、圆整。容器也是玻璃制作的，有利于玻璃珠流动顺畅。

 如果容器里装的是水，是不是更容易流淌，不会被卡住？

 那是水钟，不是沙钟了。

如果冬天气温过低，水会结冰，而沙子却不会结冰。

就是同一个方向，每次沙子流完的时间也有差别，只能作大致计时用。手工做的饮料瓶沙钟还有很多需要改进的地方。

 沙钟颠倒后，时长就变了，但是不影响使用，两个方向分别计时就可以了。

 张老师说

实际上，只要一个过程经历的时间相对稳定，都可以用来计时。人类最早使用的计时仪器是利用日影。圭表主要是根据影子长短定回归年、定四季、辨方位，日晷主要根据影子方位测量时间，两者其实都是"太阳钟"。由于夜晚或阴雨天，太阳钟无法发挥功用，人们又发明漏壶、沙漏、燃香、油灯钟、蜡烛钟等计时仪器。所以，在中国古代有一刻、一盏茶、一炷香、几更天等计时说法。

活动十四 利萨如曲线

小博士，我们还没有听到你的创意呢，饮料瓶装沙子还能做什么？

我还真的查阅了不少资料，找到了新的用途。

博士出手，必然不凡。

共同进步，共同进步！我尝试用饮料瓶装沙子来画几何曲线。

几何曲线？

利萨如曲线，是一种科技含量很高的几何图线。

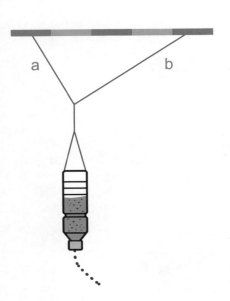

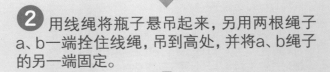

1 在饮料瓶盖子上扎个大小适中的孔，先用透明胶带封起来。在瓶底开洞，倒入沙子。

2 用线绳将瓶子悬吊起来，另用两根绳子a、b一端拴住线绳，吊到高处，并将a、b绳子的另一端固定。

3 将饮料瓶拉离平衡位置，同时撕掉封小孔的透明胶带，放手后瓶子就会摆动起来，漏到地面的沙子画出了曲线图案。

改变a、b绳的长度比例，会得到不同形状的曲线图形。

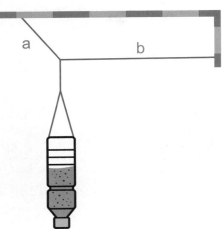

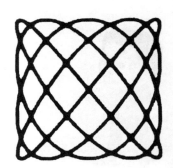

看上去图形很有规律。

瓶盖上的小孔要光滑流畅，否则沙子流得断断续续；孔也不能太大，否则沙流的线太粗，影响图案清晰度。

千变万化，很有美感，但是摆动时间有点短，图线没有画完整，如何改进呢？

如果用沙漏里那种彩色小玻璃珠，会更有欣赏性。

找个装饰板，涂上点胶，沙子落上去后位置就会固定下来，这样还可以做出一幅沙画呢。

 张老师说

　　利萨如曲线是两个垂直方向运动的合成轨迹图像，改变上面两根线的摆长，就会改变运动的快慢。饮料瓶实际上是个利萨如沙摆，当瓶子摆动起来后，沙子从瓶中漏出，就可以绘制出图像了。将来在大学的课堂中，可以用示波器调出这种图形。

　　开心果提出的问题很好。在家用饮料瓶和沙子画利萨如曲线时，很难画出完整的、流畅的图线来。可以用线绳 a、b 吊着中间开洞的木板，将装沙子的饮料瓶倒插在木板中间的洞上。在木板上增加配重，再将木板和饮料瓶拉离平衡位置让它们摆动起来，画出的图线质量会明显提高。

在水平和竖直方向各有一个圆环。一个红点在竖直圆环沿顺时针方向匀速转动，并且用水平红色虚线表示红点在竖直方向的位置变化。一个绿点在水平圆环上沿顺时针做匀速转动，并且用竖直绿色虚线表示绿点在水平方向的位置变化。红色虚线和绿色虚线有个相交点，点的位置随红点与绿点的转动不断变化，点的轨迹就是利萨如曲线。

当红点与绿点的转速不同、起始位置不同，曲线形状也不同。

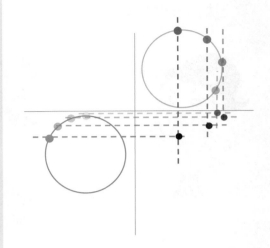

一不小心玩出了高科技。

科学无处不在，创意无处不在。

所以老师说，生活就是教育，社会就是课堂，经历就是成长。

世界是科学的，也是数学的，还是艺术的。

"动手做"带来无穷灵感。

活动十五 饮料瓶漏刻

各位，今天给大家看看我做的漏刻，多提宝贵建议啊。

也就是水钟，用滴水时间的相对稳定来计时。

漏是指带孔的壶，刻是指附有刻度的浮箭。

漏刻可是中国古代使用时间最长、应用最广的计时装置哦。

赶紧介绍作品，让大家开开眼界吧。

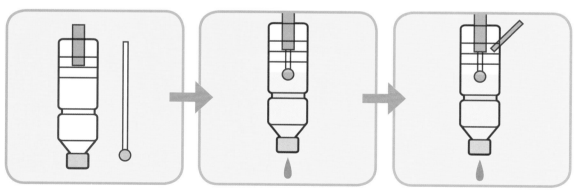

❶ 在细吸管底部固定泡沫球，做成浮箭。饮料瓶底部固定一支粗吸管或其他管子，这样浮箭在管子里就只能沿上下方向移动了。瓶口朝下，瓶盖上钻个小孔，用来滴水。

❷ 将漏壶与浮箭组合，加水测试一下，看浮箭能否随着水面下降而顺利下降。

❸ 饮料瓶靠近底部的侧面另固定一支吸管，用于补水。在浮箭上标上时间刻度。

饮料瓶外侧也要画线，标记出水面的初始位置，每次计时开始时水面的初始位置要相同。

饮料瓶的水滴出后，根据标准计时器，在浮箭上标出时间间隔。时间间隔可以自己确定，比如一分钟、十分钟。

改变瓶盖上滴水孔的大小，可以调节滴水总时长。

可以将瓶盖插入大饮水桶的桶口，一方面可以接水，循环使用，另一方面大水桶也可以作为支撑物。

也可以多做几个漏壶进行组合，增加计时的总时长。

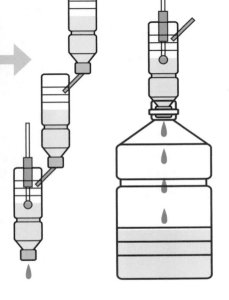

我们可以进一步查阅资料，看看古人是怎么解决这个问题的。

张老师说

　　漏刻在西周时就出现了。你们制作的是泄水型漏壶，浮箭逐渐下降；还有一种是受水型漏壶，浮箭逐渐上升。既有单只漏壶，也有多级漏刻装置，和你们思考的差不多。

　　液面高度的变化，带来了水深度的变化，瓶盖承受的水压也在变化，因此滴水速度也是变化的。古人的多级漏刻装置，可以保证最下端的受水壶中液面基本恒定，从而让滴水速度基本保持均匀。

　　其实，泄水或受水过程中，改变的不仅有液面高低，水的重量也在发生变化，古代也有通过称量水重来计量时间的。

古埃及、古巴比伦等国家历史进程中也都出现过漏刻。

古人的智慧真是了不起。

也就是说，世界上不同地方的人对自然现象进行过类似的观察与思考。

用饮料瓶我们还可制作出不同类型的漏刻。

 张老师说

　　"一刻钟"的说法也来自漏刻。早期每天是100刻，一刻相当于现在的14.4分钟。后来一天改为了96刻，"一刻钟"的时间才变成了现在的15分钟。

活动十六 饮料瓶"打气筒"

饮料瓶有弹性，压扁后能将瓶内气体挤出；松开手，饮料瓶恢复原状，又会把外面空气吸进瓶子——当然，是大气压把空气压进瓶子的。

是啊，这个我们都知道。触动你灵感啦？

我在想，用饮料瓶做个"打气筒"。

需要气球来帮忙。

有意思！说说思路。

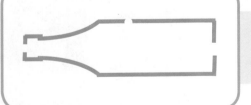

1 在瓶盖、瓶底、瓶身各钻一个孔，瓶底的孔开得大一些。

2 将气球剪开，剪出一条气球皮，把气球皮用线固定在饮料瓶头部，封住盖子上的小孔。在瓶底用大的气球皮包住，用线系牢。

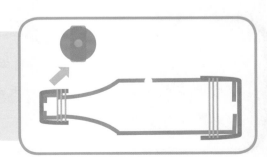

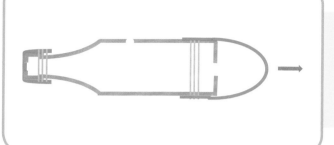

3 把瓶底的气球皮向后拽，瓶内空间的总体积变大，气压减小，外界空气会在大气压作用下进入饮料瓶内。

4 将瓶底气球皮放手，同时按住瓶身的小孔，由于瓶内气压增大，气体会顶开前端瓶盖的气球皮泄出。如果有另外的气球套在瓶口，就会被充气。

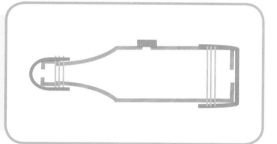

通过拉拽瓶底气球皮吸气，放手后瓶底气球皮恢复原状向外充气，出现了两次气压差。

瓶底气球皮放手的同时，必须用手指将瓶身的小孔堵住。

蒙在瓶盖上的气球皮相当于是个单向阀门。

如果用它给气球充气，气球不会变得很大，因为气球里的气压也在不断增大，到一定程度，瓶盖上气球皮"阀门"可能就打不开了。

用来演示大气压的变化，或者演示阀门的作用挺好的。

可以用来吹掉电脑键盘上的灰尘，或者吹掉窗台凹槽里的杂物和灰尘。

气体从瓶盖口冲出时，盖子上的气球皮会发出好玩的声音。

气流冲击让气球皮发生振动，声音是由气球皮振动产生的。

活动十七　小车快跑

我用饮料瓶做了个小车模型，大家帮帮忙，优化一下设计与制作。

可以有多种动力来源的。

好的，探讨探讨，"百闻不如一谈"。

需要很多材料的。

我做过小车的。

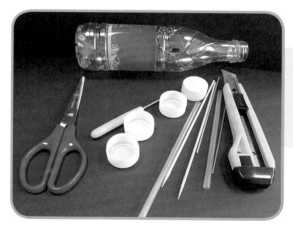

❶ 材料：饮料瓶一个、瓶盖四个、竹签两根、钢条两根、吸管两根、锥子、美工刀、剪刀等。

❷ 在瓶身适当位置打孔，穿过两根平行的钢条作为车轴。

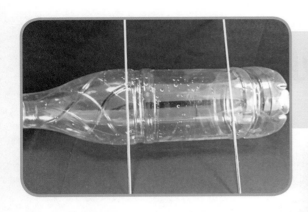

3 将四个瓶盖中间打孔，作为车轮。将车轴穿进瓶盖中间的孔，做成基本架构。

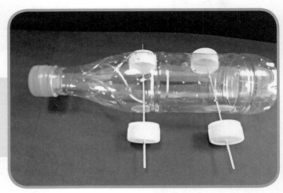

4 调整车轮上孔的大小，让车轮能转起来。

这个车估计行驶困难。如果车轮转动而轴不动，车轮中间的小孔就会被越磨越大，行驶不稳，轮子还会掉。

可以考虑让车轴和轮子一起转动。用两根吸管穿过"车身"，相对固定；让车轴在吸管中转动，摩擦应该会小一些。

按照这个方案，不论是车轮转动还是车轴转动，发生的都是滑动摩擦，这种摩擦力比较大。现代车辆中用的是轴承，把滑动摩擦转化为滚动摩擦，大大减小了摩擦力。

用瓶盖做车轮，好处是取材方便，成本低；坏处是车轮不稳容易晃动。可以考虑用两个瓶盖口对口固定，做成车轮。

车轮晃动，车就不能平稳前进，很难走直线。摩擦力太大导致车速很快减小，走不远。可以按照大家的建议改进。

可以向后喷气，提供车向前运行的动力。

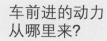车前进的动力从哪里来？

把瓶底切掉，固定一只气球进去。气球吹足气，然后向后放气，车就会前进——喷气式小车。

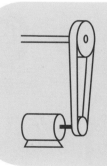也可以装个小电动机，用皮带或齿轮带动车轴转动——电动式小车。

用电动机带动螺旋桨，螺旋桨转动向后推空气，空气的反作用力让车前进——螺旋桨小车。

螺旋桨也可以用橡皮筋带动。先旋转螺旋桨，让与螺旋桨相连的橡皮筋转动起来发生形变，储存弹性势能，然后放手，螺旋桨就会转动起来——橡皮筋动力小车。

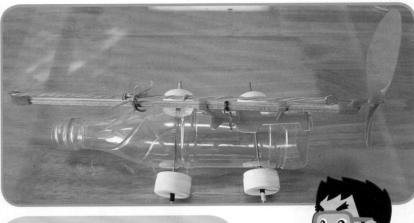

按照柠檬的建议，我先做个橡皮筋带动螺旋桨的小车。

以橡皮筋为动力的玩具很多，都可以给我们启发。

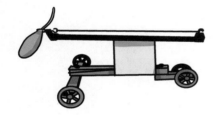

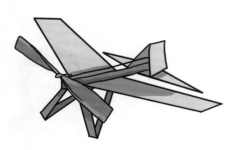

张老师说

一辆真正的车包含动力、传动、转向、变速、空调、制动、悬挂、电控、润滑等多个系统，还有保证安全的制动系统。如果是无人控制车，还有传感、自动驾驶、遥控等系统。随着学科分工越来越细，许多零部件制造也成了专业学科，比如轮胎制造，就涉及材料、静电、磨损、减震、传感等学科。用饮料瓶做小车的项目可以长期进行，在学习的不同阶段，可以把不同的新知识、新技术融入到项目制作中去。

活动十八　**宠物饮水器**

各位，最近可有好的关于饮料瓶方面的创意?

对于如何开发创意作品我好像入门了，思路逐渐清晰了。

知识面越宽越好，要多读书，多看科技类电视节目。

多深入生活，在实际的场景中观察、思考，寻找可以改进的地方。

还要多动手，"纸上得来终觉浅，绝知此事要躬行"。

最近我用饮料瓶做了个雨伞收纳器。

我用饮料瓶做了筷笼子，放放筷子、勺子。

我做了个喂鸟器。

我做了个烛台。

可要小心！千万不能让烛焰烧到，可以在蜡烛下面垫一个金属底座。

博士，最近你有什么创意啊？

我做了个宠物饮水器。你给鸟喂食，我给宠物喂水。大家说说它的工作原理。

肯定是利用大气压。

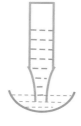

有道理。当瓶口在下面容器中的水面以下，瓶子里的水流不出来，因为瓶内水面上方的气压低于外界大气压。

当下面容器中的水被宠物喝了一部分，水面低于瓶口时，空气就会进入饮料瓶中，瓶中的水就会流下，容器中的水面再次漫过瓶口。

上面的瓶子还可以套个挡板，防止树叶等落入下面的水中。

把上面的饮料瓶悬吊起来。下面的容器可以用塑料盆、碗，当然也可以用大塑料瓶的下半部分。

类似的装置还可以有很多功能……让我想想，比如做房间加湿器，下面容器里的水不断蒸发，增加空气里的含水量。

是的，瓶子里不一定非得加水啊……要是加香水呢？不是可以改善房间里的空气质量吗？

香水？天啊，太贵了吧！蒸发那么快，谁能用得起啊？！

可以改进啊。思考一下，如何减缓香水的蒸发？

蒸发快慢与液体表面积、液体温度、液体表面的空气流速都有关系……

降温好像不太现实，总不能放在冰箱里用吧。但是可以放在房间里没有风吹的地方，减小香水表面空气流速。

啊，我想到了！可以减小液体表面积。

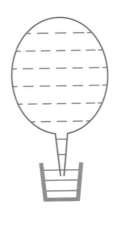

点赞！

活动十九　饮料瓶小船

空饮料瓶放在水面是会漂浮的。

我发现很多瓶子、塑料袋漂在水面上造成了污染。

保护环境，刻不容缓。

废饮料瓶也是资源。

我们要变废为宝，将废饮料瓶回收再利用。

我们从漂浮在水面上的饮料瓶谈起，思考有什么有益的地方。

饮料瓶能浮在水面上，主要是受到了水的浮力。

船也是浮在水面上，可以载人，可以装货物。

饮料瓶也可以做船啊。

那我们来思考一下，如何用饮料瓶做小船。

好，分头思考，待会交流。有方案就行啊。

1 准备一个盖好盖子的空饮料瓶和两个长泡沫条。

2 在空饮料瓶底部两侧各固定一个长泡沫条，以免饮料瓶在水中翻转。

3 还可以插个小旗帜装饰一下，起个好听的名字。

在船尾加一块肥皂，或者一个能流出洗涤剂的小瓶子。肥皂或洗涤剂溶解在水中会减小船尾的水表面张力，船头的水表面张力较大，这样就可以拉动小船前进了。

还可以用橡皮筋提供动力。

1 在瓶上适当的位置对穿两个孔，用竹签或者筷子穿过小孔作为"转动轴"。取几根橡皮筋组合成整体后，一端拴在"转动轴"的中点，另一端穿过饮料瓶瓶底后固定。

2 在"转动轴"的两端各固定一支冰棒杆做成的"桨"。将"转动轴"扭转多圈后放手，"桨"就会转动起来，船就可以前进或后退了。

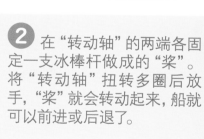

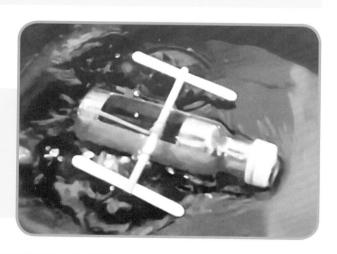

如果装一个螺旋桨或者小风扇，也可以提供动力。但是饮料瓶高度矮，装在船头或船尾都不方便……

可以装在船的顶部。

有了。我们可以将两个饮料瓶并排固定在一起，把电动机和风扇装到上方，这样不但能提供动力，而且船还会很稳。

对啊，我的船还没有考虑动力呢。

这个简单，让人站到船上，用桨划呗。

一个小饮料瓶上怎么站人，开玩笑，哈哈，我考虑用磁铁试试，利用同名磁极相互排斥或异名磁极相互吸引的原理。

当然不能用一个饮料瓶。我的想法是，将五千个饮料瓶固定到一起，做一条大船，一条真正的大船。用桨划，或者用篙撑，都可以啊。

我看到过类似的报道，好像有人用了一万六千个饮料瓶做了一艘船，能乘坐六七个人，还真的投入使用了。

饮料瓶能做船，当然也能做浮桥。

还能做救生圈。

创意王，把你船上的小旗帜换成风帆，动力不就有了吗？

好主意，做船帆也是个技术活，我要好好学学……但是船被风吹走了，怎么回来呢？

张老师说

　　大家的思维非常活跃，一方面得益于广泛的阅读，掌握了很多科学原理，另一方面，经常动手制作，参与社会实践，给了我们无穷的灵感。很多制作活动，我们是可以和家长一起做的，相信家长也会给你们很多有益的建议。

好勒。

"大王派我去巡山……"

得令。

OK!

回家思考。

活动二十　饮料瓶测重计

上次活动我们讨论用饮料瓶制作小船时我突然想到了"曹冲称象"的故事，可以用饮料瓶做测重计啊。

很有道理啊。"称象"估计不行，但是称称轻小物体应该没问题。

我觉得可以尝试做一做。

我来改进。

说说做法。

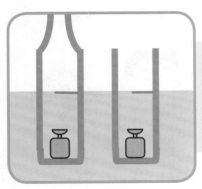

❶ 找个接近圆柱体的饮料瓶，瓶的上半身可以适当剪去一部分，便于放入物体。放一个50克的砝码在瓶中，瓶子在水面漂浮，在吃水线处画红线，标上"50克"字样。

2 更换不同规格的砝码，如10克、20克、30克、100克等，在对应的吃水线处标上"10克""20克""30克""100克"等字样。

3 将重物放入饮料瓶，根据吃水线所在位置的刻度线标记值，即可读出重物的质量。

如果标记值是"牛顿"，那就可以测重力的大小了。

如果瓶子细一些、长一些，刻度可以更精细一些，更精确一些。

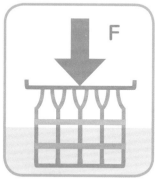

将多个同样的饮料瓶组合到一起，就可以测量更重的物体了。

如果一个瓶子上的刻度线代表100克，那么五个瓶子组合到一起，原先的刻度线就代表500克了。

如果放上书包，可以测出书包的质量大小。如果用手向下压，水面达到同样的刻度线时，压力的大小就和书包的重力大小相等了。

耶！

也就是说，这个装置不但可以测质量、测重力大小，也可以测压力大小。

这个装置，需要饮料瓶和装水的容器配合。在家可以用塑料桶或塑料盆装水，饮料瓶浮在水面上。如果有足够多的饮料瓶，就可以测重的物体，比如称小汽车的质量，那用塑料瓶就不行了，得要个"码头"，哈哈。

可以改进一下，变成浮动的太阳能充电平台，帮渔民伯伯发电。

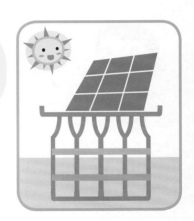

 张老师说

　　大家的创意非常棒！

　　由饮料瓶能浮在水面上，想到船，想到浮桥，想到救生圈；由饮料瓶承受重物时会下沉一些，想到"曹冲称象"，想到做一个测量质量或重力大小的装置，进而想到用饮料瓶可以做一个载物平台……当然这还会让我们想到更多的用途。通过事物的相关联想，从而激发更多的创意，这就叫做创新思维的"重核裂变"。我们可以用思维导图来表示出这种"裂变"。

思维导图

根据饮料瓶的特点，找出关键词，以及人类左右脑分工的特点，绘制思维导图。

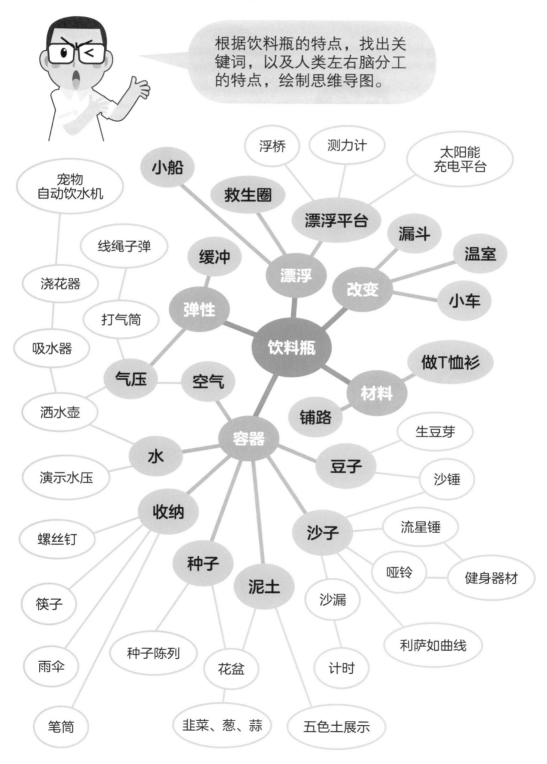

我们的创意好像被囊括了。

一目了然。

思路清晰。

这种思考问题的方式有规律可循。

这种思考问题的方式，可以应用于其他问题的解决。

张老师说

饮料瓶的不同特点可以引发我们不同方向的发散式思考，思维导图可以有效地表现出这种思维的轨迹，前面的很多创意都可以在图中体现出隶属关系或层级关系，结合联想思维，包括接近联想、对比联想、相似联想、因果联想，就可以让想法"裂变"——创新思维的原子弹爆炸，产生更多的奇思妙想，零星的想法就变成了一套思维模式。

比如从"容器"角度思考，饮料瓶里也可以装冰啊，用来降温。

快递河鲜、海鲜时，将装冰的饮料瓶放入包装箱内，可以保鲜。

在开有很多小孔的饮料瓶内装入冰块，然后挂在电风扇前面，这样可以吹冷风。

也可以从"改变"的角度思考，做一个塑料袋封口器。

做个小储存罐，装上拉链，可以锁起来。

还可以做个花篮，各种造型的花篮。

这种"改变"可以是对瓶盖加工，可以是对瓶身加工，也可以截取需要的形状，也可增加一些辅料……嗯，可以做个书报筒。

可以做一个放卫生卷纸的架子，当然需要加一根竹签、或者筷子、或者金属条，作为转轴。

张老师说

　　塑料瓶还可以抽丝、纺线，变身为服装面料。PET（聚对苯二甲酸乙二醇酯）是制作衣服面料的重要原材料之一。安徽界首有个工业园，里面有几个厂家专门收购废弃塑料瓶，经过分拣、清洁、消毒、切片、拉丝、纺织，做成T恤衫。据业内人士介绍，这类布料具有"吸湿快干"功能，穿在身上既环保又舒适。

　　2008年北京奥运会开幕式时，在垃圾桶中留下的近10多万个饮料瓶就被回收再利用了，其中有一部分就制成了T恤衫。当然，还可以制成书包、帽子，或者做成再生塑料瓶。

这个应用的思维突破口是"材料"。

石油是制作塑料的重要原料,回收再利用可以节约能源。

万万没想到!

张老师说

废弃的塑料瓶还可以铺路,和柏油路相比,这种马路更坚固、更耐水,而且费用更低、铺设速度更快、寿命更长。南非、荷兰都铺设过这种道路。2021年,华东理工大学里也建造了一条300米长的废塑料再生环保路,主要技术是将废塑料转化为改性沥青。

又一个万万没想到!

回收利用也有助于治理塑料污染物。

人类每年生产3亿吨塑料垃圾,很多是难以降解的,对海洋生物、飞鸟都造成了严重伤害。

任何物体都是由一定材料组成,而同一材料可以组成不同物体,材料之间也可以相互转化……

这是对全人类都具有重大意义的创新。

从小好好学习，长大创新升级。

 张老师说

据中国饮料工业协会联合中国环境科学研究院发布的《我国PET饮料包装回收利用情况研究报告》称，全国饮料瓶回收率可达94%以上，回收情况比较乐观。垃圾分类在全国的普及，必将有助于进一步加强饮料瓶的回收工作。

保护环境，事关你我。

凡事皆可创新。

垃圾分类，意义重大。

创新是第一生产力，创新永无止境。

创新需要知识储备，我们要多读书，多关注前沿科技。

科 学 小 笔 记

打开抖音app扫一扫

● 玩转饮料瓶
○ 玩转吸管
○ 玩转纸杯

ISBN 978-7-5533-3869-9

9 787553 338699 >

定价：28.00元